私のとっておき46
北欧　ヴィンテージ雑貨を探す旅

おさだゆかり

はじめに

はじめて北欧を訪れたのは1999年、今からちょうど20年前のこと。
スウェーデンの首都・ストックホルムは、都会でありながら
緑と水辺が近い、豊かな自然に包まれた美しい街でした。

それから5年後に買付けに通いはじめ、15年が経ちました。
はじめた頃は、北欧以外の国へも足を延ばすこともあるだろうと
思っていましたが、そうはなりませんでした。
なぜなら、北欧雑貨は奥が深く、とても魅力的で、
もっともっと掘り下げたい、という気持ちが
自然にふくらんでいったからに他なりません。

買付けに行く朝はいつも早く目覚めます。
今日はどんなヴィンテージが待ち受けているんだろう?
街中を歩きまわって、探し出したヴィンテージを床に広げると
身体はヘトヘトでも心は満たされ、明日もがんばろうとリセットされます。

半日かけて飛行機や長距離電車で移動したあと、
部屋に荷物を置いてもまだ、1日は終わりません。
ワクワク、ソワソワしながらエコバッグを手にするのです。
心躍らせてくれるヴィンテージを探しに、
さあ今日も出かけますよ!

ヴィンテージが見つかる３つの方法

　北欧でヴィンテージを探すには３つの方法があります。まずひとつ目はフリーマーケット（蚤の市）。冬以外の週末、野外に立つマーケットや、年に数回開かれる大型施設での屋内フリーマーケットなどがあります。ふたつ目はアンティークショップで、ここにはオーナーの審美眼によって選ばれたアイテムが並びます。いいモノが揃っていますが、それなりに高価になります。３つ目はセカンドハンドショップ。アンティークショップの選び抜かれたモノとは異なり、家庭の不要品が主ですが、値段は破格。ガラクタ感は否めませんが、お宝と呼べるモノが見つかることもあります。この形態はスウェーデンに特に多く、国営のお店は北から南までチェーン展開され、更にストックホルム市が運営するお店は市内に何軒もあるという充実ぶりです。

　フリーマーケット、アンティークショップ、セカンドハンドショップ、それぞれ特徴があるので、３つの中から滞在する時期や曜日にあわせて選びましょう。冬以外の季節なら週末は迷わずフリーマーケットへ。平日はアンティークショップとセカンドハンドショップの、品揃えや値段の違いを比べながらヴィンテージを探すのもおもしろいですよ。

　「アンティークとヴィンテージはどう違うんですか？」ときかれることがあります。諸説ありますが、わたしは「つくられてから経過した年数による」と説明しています。100年以上経ったモノをアンティークと呼び、100年未満のモノはヴィンテージとくくります。わたしが選ぶモノは、ほとんどが1940年代以降に生産されたモノなので、買付けているモノはヴィンテージになります。

ストックホルムはわたしがはじめて北欧を体験した街。陽の光が反射してキラキラとまぶしく光る湖、時間を忘れさせてくれる白夜。14の島とそこにかかる橋には、それぞれの表情があり、古い建物とモダンな建築が調和した街並は、落ちついた美しさがありました。デザイン王国と称されるにふさわしく、街にはグッドデザインがあふれ心が躍ったものです。そして現地の人達のさりげないやさしさに感動し、すっかりストックホルムの虜になりました。あれから20年経ちましたが、あの時の印象は薄れることなく、この街にいると不思議と心はなごみ、おだやかになるのです。

　ストックホルムでヴィンテージを探すなら、日曜日のフリーマーケット、アンティークショップ、セカンドハンドショップがあります。デンマークとフィンランドでは、週末のフリーマーケットを目当てに滞在しますが、スウェーデンでは、セカンドハンドショップのお陰で平日でも買付けができるので、とても助かります。アンティークショップは値段もそれなりに高いけれど、他ではなかなかお目にかかれない、珍しいモノが見つかることもあるので、必ず行くようにしています。

　スウェーデンには、GUSTAVSBERG｜グスタフスベリ、Rörstrand｜ロールストランド といった大きなメーカーがあるので、陶器はどのお店に行っても品数豊富。ステンレスメーカー・Nils Johan｜ニルスヨハンのコーヒーポットやカトラリー、きれいな色でペイントされた、お菓子やパン用の保存缶なども見つけたら必ず手に取ります。北欧の中でも木を使った手工芸が盛んなスウェーデンでは、バスケットや木製品も見逃せません。またグラスが充実しているのもスウェーデンの特徴。Orrefors｜オレフォス やBODA｜ボーダ などの有名なメーカーのモノから無名のモノまで、いいグラスが見つかります。

　東西南北の各エリアに見所があるストックホルムでの移動は、地下鉄とバスの利用をおすすめします。片道チケットは割高で、バスの車内では販売してないので、あらかじめ地下鉄・バスどちらにも乗れるフリーパスを買っておくと便利です（1日券、3日券、7日券から選べます）。スマホのアプリもありますが、地下鉄各駅にあるキオスク、Pressbyrån｜プレスビロン で簡単に購入できます。

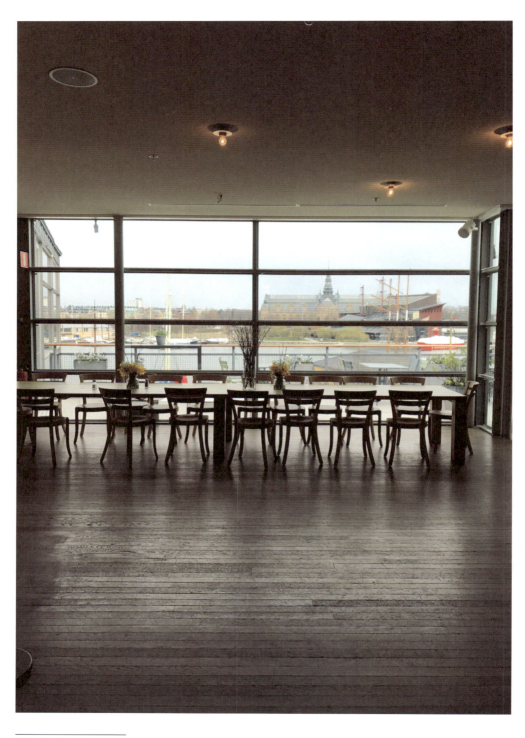

One day in STOCKHOLM

06：25
日曜日のストックホルムは
フリーマーケットからスタート。
マフィンと紅茶で朝食。

07：20
出店者がせっせと品出しする中、
会場をぐるぐる。
買いに来ている人は
まだ少ない。

13：55
買付けたモノを
ノートに書き終えてから、
トラムでローゼンダールガーデンへ。

15：25

アパートのキッチンで、
買付けたモノをせっせと洗う。
グラス類はピカピカに。

18：30

夕食。
サーモン、アスパラガス、
トマトを焼いただけ。
味付けはレモンと塩で。

19：20

夕食後は梱包の続きを。
白夜の夏は、
時間を忘れて梱包し続けてしまいます。

Hötorget | ヒョートリエ

　ストックホルムでフリーマーケットといえば、ここHötorget。中央駅から地下鉄グリーンラインでひとつ目のHötorget駅の上にあるマーケット広場は、街の中心にあり、大通りが交差する賑やかなエリア・Norrmalm | ノールマルムにあります。

　月曜日から土曜日は季節の野菜やベリー、キノコ、生花を売るお店が立ち並び、日曜日になるとフリーマーケットの会場に一変します。広場の前に建つ、きれいな水色の建物・コンサートホールは、毎年12月にはノーベル賞の授与式が行われる、由緒正しい街のシンボルです。

　フリーマーケットには市民がエントリーをして、出店者が毎週変わる入れ替え制と、決まったディーラーが出店する固定制がありますが、ここは固定制で、毎週同じディーラーが決まった場所に店を出します。朝早く行くと、おなじみのディーラーが品出しをする中、買い手が次々に現れます。毎週ここで会う人達はみんな顔見知りで、口々に挨拶を交わし、気になったモノを手に会話がはじまります。そんないつものやりとりを見て、「さてわたしも探しはじめよう」とスイッチを入れます。

　プロばかりの出店となると、「品揃えはいいけれど値段が高くて手が出せない」というパターンになりがちですが、ここのマーケットは比較的リーズナブルなのも魅力のひとつ。値付けが強気のディーラーもいるけれど、中には「どれでも20クローナ（約280円）」と大きな看板を出している人も。品揃えはかなりジャンクで、そう簡単にいいモノは見つかりませんが、根気よく探せばひとつやふたつ、よきモノを掘り出すことができます。

HÖTORGET
Stockholm, SWEDEN

18 | STOCKHOLM

　フリマで1日にどれくらい買付けられるかは、日によって異なるもの。カゴや陶器にグラス、カトラリーと、次から次へといいモノが見つかり、「今日は波に乗っているな〜」と実感しながらどんどん買付け→持ちきれなくなって近くのアパートに置きに行く→再び空にしたエコバッグを持って出かける。これを何度か繰り返す日が年に数回あります。逆に広場をぐるぐると何周もしているのに、いっこうにいいモノが見つからない時ももちろんあって、そんな時は近くの喫茶店でお茶を飲みながら一休みして、気持ちを立て直します。

　大当たりの日もあれば、今日はハズレだったなと、むなしい気持ちで帰る日もあるけれど、「それもフリマのおもしろさ」と回数を重ねた今だからこそ、動揺することなく日曜日を過ごせるようになりました。

　マーケットは朝8時から14時まで開催。ストックホルムは日曜日が休みのお店が多いので、ヴィンテージ好きならここへ行くことを強くおすすめします。商品がきれいに陳列されたお店とはがらりと違う環境で、時には店主に値段交渉しながら、何かを探し出すおもしろさを体験できます。

　Hötorgetの広場は石畳で、夏以外の季節は石の隙間から冷気があがり、かなり底冷えします。底がしっかりした靴にウールのソックスを重ね履きし、ストールをぐるぐる巻きにして、帽子と手袋も。防寒対策をしっかりして、エコバッグを持っていざ出発。

　「さて今日はどんな掘り出し物が見つかるかな？」と過去の収穫を振り返りながら、いそいそとアパートの階段を駆け下ります。

フリマの後の朝フィーカ

　Hötorget のある大通り・Kungsgatan│クングスガタン を数分歩いた場所にある、老舗の喫茶店・Vete-Katten│ヴィエテ キャッテン。日曜日も朝から営業しているので、あまりにも寒い時には暖をとりながらコーヒーを飲み、フリマが一段落した後は休憩しに行きます。わたしはいつも入り口近くの窓際のテーブルに席をとりますが、老舗の風格ただよう店内には部屋がいくつもあって、未だに平面図を把握できないほど広い喫茶店です。

　スウェーデンには「Fika│フィーカ」というお茶の時間を楽しむ独自の文化があります。自宅や会社、カフェで、家族や同僚、友人と１日に何度も、お茶を飲みながらコミュニケーションをとります。外でフィーカをするには、昔ながらのKonditori│コンディトリ (喫茶店) と、今時のKaffe│カフェ の２通りがあります。Konditoriではコーヒーはレギュラーのみですが、Kaffeはカフェラテなどエスプレッソ系のドリンクも揃っています。Konditoriのコーヒー、紅茶はセルフサービスでおかわり自由なので、長時間ゆっくりしているんだろうなとおぼしきおじいさんやおばあさんをよく見かけます。

　ガラスのショーケースには、スウェーデンで昔から親しまれているクラシックなケーキが並び、その上のカウンターには、シナモンロールとカルダモンロールが積まれています。伝統的なケーキはどれも生クリームが甘くないのが特徴で、それほど甘党でないわたしでも、大きめサイズながらペロリと完食できる軽さが魅力。クラシックなケーキには紅茶を、シナモンロールにはコーヒーをおかわりしながら、一仕事終えた後のフィーカを楽しんでいます。

　そうそう、ここのこげ茶と白のギンガムチェックに、お店のロゴが刺しゅうされたエプロンと三角巾のユニフォームもとてもかわいいんですよ。

手頃な価格でヴィンテージを手に入れるなら

　ストックホルムではじめてセカンドハンドショップを訪れたのは、まだ買付けをはじめる前、旅行で街歩きしていた時のこと。ウインドーに雑然とディスプレイされたモノに引き寄せられるままお店に入りました。店内には中古品がカテゴリーごとに陳列されていて、そのモノの多さに驚き、更に手頃な価格に気持ちは高まり、モノ探しのスイッチが入りました。お店の隅々まで見てまわり、ステンレスのコーヒーポットと白いプレートを見つけ、満足しながらお店を出たのを憶えています。

　セカンドハンドショップに並んでいるのは、有名なメーカーやデザイナーのモノは少なく、ほとんどが「名もなきモノ」ですが、無名のモノにこそ探し出すよろこびがあります。大量な品数ゆえ時間はかかりますが、安くてよいモノをいろいろ見つけることができれば、仕入れ値を抑えることができます。アンティークショップで買付けるモノは割高なので、セカンドハンドショップでどれくらいいいモノを見つけられるかは、バイヤーとして腕の見せ所なのです。

　スウェーデンのセカンドハンドショップの軒数は、北欧の中でも断トツに多く、古い歴史があります。国営のMyrorna｜ミールナ は120年以上前に、ストックホルム市が運営するStockholms Stadsmission｜ストックホルム スタッズミホーン は90年以上前に設立されました。家庭で不要になったモノを寄付→それを低価格で販売→その売上を教会などに寄付する。「モノをリユースすることで、生活に困窮している人を救う」という、とても合理的な取り組みです。

「買付けをしていて、ヴィンテージがなくならないか心配になりませんか？」ときかれることがありますが、スウェーデンには「不要品は捨てずに循環させる」という仕組みが根付いているので、「枯渇問題」については今のところ心配していません。

26　｜ STOCKHOLM

買うべきか？買わざるべきか？名作家具に悩まされ

　わたしのお店めぐりは「雑貨の買付け」が目的ですが、ヴィンテージ家具が中心のお店では、いい家具に目が引き寄せられます。ある日通りかかった、開店前のアンティークショップの窓から中を覗き込むと、なんと！アルネ・ヤコブセンの「Tチェア」があるではないですか！！しかもいくつも積み重なっている。「うーん、いくらなんだろう？」と気にしつつ、午前中のやるべき仕事を終わらせ、いざ店内へ。ひとつひとつ状態を確認すると、座面にヒビが入っている椅子もあって、中からふたつを選び出して、オーナーに値段交渉。日本で販売するには難しい値段だけれど、自分で使うにはアリ、問題は大きさ。背もたれ付きの椅子が入るダンボール箱はないので、プチプチで梱包して帰国する時に一緒に持って帰るしかない。預ける荷物にはサイズの制限があるので、「今晩調べて明日またきます」と伝え、一晩キープしてもらいました。調べてみると、規定サイズにギリギリセーフ。スタッキング可能な椅子なので、ひとつ分の超過手荷物として預けられることも判明。諸条件はクリア、「よし買おう！」。翌日再びお店を訪れて購入し、無事に椅子とともに帰国できました（梱包は夜遅くまでかかりましたが……）。

　また別の時に見つけたのは、羊毛でおおわれたラウンジチェア。ひつじ年生まれということも手伝って、ひつじのモコモコを見つけると、無条件に目が♡になるわたし。座面が羊毛のスツールは何度も買付けていますが、目の前にあるのはどっしりとしたラウンジチェアで、デザインもとても好み。デザイナーはアルフ・スヴェンソン。ラウンジチェアのデザインにおいて、数々の名作を世に送り出したことで知られています。値段はもちろん高価ですが、それは納得のいくもの。問題は1年の半分が温暖な気候の東京で使うということ。温かさ抜群のチェアが使えるのはせいぜい半年だよな……。うーん……。しまっておくスペースもないし……。日本に帰るまでの3日間、買うべきか買わざるべきか、心がゆらゆらしましたが、結局見送ることにしました。でも、もしまた見つけたら、再び心を揺さぶられるに違いありません。

天井高くまで積み上げられたヴィンテージの山

　ストックホルムに住む友人とフィーカをしていたとある日、「ゆかりが好きそうなアンティークショップがオープンしたよ」とうれしい情報を教えてもらいました。

　スウェーデンの古い建物は、天井高が4mを超えるのが特徴ですが、そのお店も天井がとても高く、その天井いっぱいに棚をつくり商品を陳列しています。はじめて訪れた時の、高く積まれたヴィンテージのボリュームは目を見張るものがありました。天井の高さをフル活用した陳列は、地震がないからこそできる技。高いところにあるモノを手に取りたい時は、長いハシゴを奥から出して見せてくれます。

　品揃えのおよそ半分は洋服を含む布もので、食器やデコレーション、ぬいぐるみやおもちゃ、そして古いバスケットも。カテゴリー毎にきちんとディスプレイされているのでとても見やすく、圧倒的なボリュームは隅々までじっくり見たくなるもの。ここに行く時は必ず時間に余裕を持って向かいます。

　一通り選んで清算してもらうと、「このバスケットは珍しくて、編み目が美しいよね」「この特徴ある形は僕も好きなんだよ」と選んだモノに対して、店主がそれぞれのチャームポイントを伝えてくれます。ひとつひとつのモノに対しての愛情が毎回感じられ、わたしもそうありたいと思わせてくれる、鑑のような存在。愛すべきキャラクターの店主なのです。

　お店は週の半分は休みですが、「休みの日は自宅でヴィンテージのメンテナンスにあてるから、丸一日仕事をせずにリラックスしたいけど、難しいんだよ」。店頭にある洋服などの布ものは洗濯や染み抜きをして、アイロンがビシッとかけられ、食器や鍋など、置いてあるモノ全てがきちんと手入れされています。ヴィンテージは買付けてから商品として販売するまで手間がかかるもの。ヴィンテージに魅了されて店をはじめた者同士、共通の苦労話をしてはうなずき合っています。

MEGALOPPIS | メガロッピス

　ストックホルム中央駅から地下鉄ブルーラインで北に向かって10分行く
と Solna Centram | ソルナセントラム 駅に到着。そこから歩いて10分ほどで
Solna Hallen | ソルナホーレン という大きな建物にたどり着きます。ここは普
段はバスケットボールの試合などが行われる運動競技場ですが、スポーツ
以外のイベントにも使われ、MEGALOPPISという名のフリーマーケット
が年に数回、開催されます。

　出店しているのは、高価なモノばかりを揃えたディーラーから、一律の
値段でなんでも売っている人まで、プロアマ混合で実にさまざま。かなり
マニアックな手工芸品ばかりを揃えたおじさまや、アンティークレースを
揃えるおばさま。エリック・ホグランやリサ・ラーソンなど、著名デザイ
ナーにフォーカスしている人など、品揃えの自由度が人それぞれでおもし
ろいのです。

　ありとあらゆるモノが一堂に会している中、キョロキョロと目線を動か
しながら歩き、「わ、かわいい！こんなバスケットは見たことない」とか「こ
の食器のシリーズにこんなポットがあったんだ」。わたしの中で「小さくも
新しい発見」が毎回あって、ひとり盛り上がりながら、ひとつふたつと買
付けていきます。

　ここで毎回会うリサ・ラーソンやスティッグ・リンドベリのヴィンテー
ジを集めたブースで、1枚の陶板に目を奪われました。ネイビーの背景に、
クラシックなドレスから水着まで、いろんな装いの女性が7人、ポーズを
とっています。「これはリサ・ラーソン？」ときくと、「僕もそう思ってリサ
に直接きいたけれど、本人もわからないらしい」とのこと。「自分が手掛け
たかどうかわからなくなるくらい、たくさんのデザインをしてきたんだろ
うね」と偉大なプロダクトデザイナーの功績をたたえあいました。結局誰
のデザインかはわからなかったけれど、デザイナーが誰であれ、見た瞬間
に心をつかまれたんですもの、迷わず購入しました。

SOLNA HALLEN
Ankdammsgatan 46, Solna,
SWEDEN

33

　ある春の買付けで、MEGALOPPIS をメインに日程を組み、2ヶ月前にエアチケットやホテルの予約をしました。そして迎えた開催日の朝。建物の裏にある駐車場は、いつもなら搬入をしている人がたくさんいるはずなのに、誰ひとりいないではありませんか！「おかしい、確かにこの日だと調べたのに……」正面の入口に行ってみてもシーンと静まり返っています。その場でスマホを取り出して調べると、主催者のコメントを見つけました。

「出店者が集まらなかったので、開催日を2週間先に延ばす」とのこと。知らない間に開催日が変更になっていたのです。ガーン‼「ここがメインだったのに……」。こんな体験はさすがにはじめてで、しばし呆然としてしまいました。それからというもの、このマーケットを優先して買付けの予定を組むことは止めました。それでも予定通り開催されることもあるので、過度な期待はせず、今のところサブ的な位置づけにしています。

グレー × ホワイト、ウールのクッションカバー

　冬になるとソファーに並べるウールのクッションカバー。はじめて手に入れたドット柄は使いはじめて15年になり、やわらかなウールに育ちました。ドット、クロス、ストライプという普遍的な柄とグレー×ホワイトの配色は、いろんな柄を並べることで、互いに引き立て合いながらしっくりとなじむ魅力があります。
　SPOONFULの冬の定番でもあるクッションカバーを制作しているのは、ビルギッタ・ラーゲルクヴィスト。毎年夏にオーダーして、10月の買付け時にアトリエに行って受け取ります。日本まで送ってもらうこともできますが、アトリエに行くと、試作中の柄を見せてもらったり、何かしら次に繋がるヒントが見つかるので、年に一度は会いに行くようにしています。
　スウェーデンの作家さんは、ものづくりだけをしている人は少なく、副業にしている人がほとんど。ビルギッタは図書館司書とニット作家のふたつの仕事をしながら、スウェーデン郊外の住宅街に息子さんと暮らしています。
　自宅の1室にあるアトリエで仕事の話が一段落したらキッチンへ移動。いつもホームメイドの焼き菓子を用意してくれ、そのお菓子と紅茶でフィーカをしながら、互いの近況を話します。ビルギッタもヴィンテージが好きで、使っている食器はセカンドハンド店で買ったモノも多く、わたしがどんなモノを見つけたか、いつも興味津々にきいてくれます。
　受け取ったクッションカバーは梱包にも大活躍。ふかふかで厚みがあって面積も広い。これを梱包に使わない手はありません。特に割れやすそうな薄いグラスなどは、プチプチで包んでからクッションカバーで保護すれば安心度抜群。お陰で、秋の買付けはプチプチが少々不足しても、ハラハラせずに過ごせます。

ずっと探していた名作の椅子

　買付けをはじめた頃に滞在していたコペンハーゲンのB&B。オーナーのダイニングには
ハンス・J・ウェグナーの「ハートチェア」がありました。お茶に招かれた時に座らせても
らうと、背もたれのカーブが身体をやさしく包んでくれて、座りごこち抜群。有名デザイ
ナーが手掛けた名作と呼ばれる椅子は、3本脚の見た目の美しさと機能性を兼ね備えた、
すばらしい逸品でした。「いつかわが家にも欲しいな」と思ってはいましたが、そう簡単に
名作椅子が見つかることはありませんでした。

　それから10年程経ったとある日、ストックホルムのアンティークショップの一角にハー
トチェアを発見したのです！！お店は街の北側のアンティークショップが建ち並ぶ通り・Upp
landsgatan｜ウップランズガタン｜にある BACCUS ANTIK｜バッカスアンティーク｜。有名デザイナー
のヴィンテージ食器が、壁全体に陳列された様子は圧巻のひとこと。ストックホルムに行
くと必ず立ち寄り、時々雑貨を買付けますが、家具を買いたいと思ったのはこの時がはじ
めて。問題はどうやって東京に送るか。そのあとヘルシンキに滞在する予定だったため、
国際小包で送るしかありません。幸い近くのスーパーマーケットにポストサービスがあっ
たので、サイズ制限を確認すると送れることが判明。背もたれの低い造りが功を奏し、更
にふたつをスタッキングして1個口にまとめられました。

　お店は間もなく閉店時間でしたが、「明日の開店前ならここで梱包していいよ」とありが
たいお言葉。翌朝、プチプチを抱えて行くと、オーナーが大きなダンボールを用意してく
れていて、店内の片隅で梱包作業スタート。小物を包むのは慣れていますが、ダンボール
に切り込みを入れて、工作するように椅子を梱包するのは簡単ではありません。それでも、
ピタリとスタッキングできる椅子のつくりに感動しながら、黙々と梱包しました。おそら
く1時間くらいかけて三角柱状態に仕上げ、郵便局まで運び無事発送へと漕ぎつけました。
発送手続きを終えた時は、ずっと探していたモノを手に入れた満足感と無事に発送できた
安堵感で満ち足りていました。

荷物の発送は郵便局へ

　北欧で買付けたモノは各国の郵便局から発送します。海外から国際小包・EMSを送る際、国によって船便か航空便かを選べますが、北欧各国は航空便のみ。そのため値段は高いのですが、1週間で日本に届くスピーディーさは魅力的です。
　同業の方から、海外から郵便で送ったモノが何ヶ月も遅れたり、最悪の場合、「行方不明になり受け取れなかった」ときいたことがあります。大変な思いをして買付けたモノが、届かないなんて！その時の喪失感を思うと、とても他人事としてきくことはできませんでした。その点において、北欧の国々はきちんとしていて、この15年間、荷物の遅れや紛失は一度も経験したことがありません。
　スウェーデンでは、一部のスーパーマーケットにポストサービスが併設されていて、これがとても助かります。他の国は郵便局の営業時間に合わせなければなりませんが、スウェーデンなら朝早くから夜遅くまで営業しているスーパーマーケットを利用できるので、曜日や時間を気にせずに発送できます。

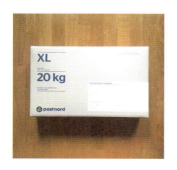

　スウェーデンの国際小包は、1kg単位の従量制で、上限は20kg。又、郵便局オリジナルのボックスは1種類だけ用意されていて、20kgまで一律の料金。すごくお得にきこえますが、浅いのでかさ張るモノは入りません。わたしはカトラリーや本、陶板など、小さくて重いモノを送る時に利用しています。

引越会社の頼れるダンボール箱

　買付けをはじめたころ、しっかり梱包したはずなのに、割れていることがたびたびあり
ました。ダンボールには赤マジックで「FLAGILE」(割れ物) の文字やワイングラスの脚が折
れる絵を手描きしたり、割れ物シールを貼ったり、いろいろ試しました。残念ながら結論
としては、注意書きのとおりに扱ってはもらえないということ。「どんな荷物であろうと放
り投げるらしい」ときいたこともあります。「手荒な扱いをされても大丈夫なように」を心
がけて、注意深く梱包していますが、なかなか完璧にはいきません。それでもせっかく見
つけたモノの破損は、できる限り避けたいものです。

　北欧の買付けで一番長く滞在するストックホルム。滞在中に行くダーラナ地方で見つけ
たモノも、持ち帰ってここから送るので、買付けるボリュームはどこよりも多く、アパー
トの床は日に日に雑貨で埋め尽くされていきます。

　帰国前日の朝、滞在中に買付けたモノを1ヶ所にまとめ、さてダンボール箱はいくつ必
要か？少なくても多くてもNGなので、落ちついてじっくり検討します。ダンボール箱は
アパートのすぐ近くにある文房具や梱包材を扱う専門店でも買えますが、厚みが物足りな
いので、バスに乗って引越会社のオフィスまで買いに行きます。

　黒い帽子が目印のこのダンボール箱をはじめて手にしたのはMEGALOPPISでした。大
きなモノをいくつかまとめて買った時に、このダンボール箱に入れてくれました。ダン
ボール選びで大切なのは、「何層構造か」ということ。引越用の大きなダンボールは2層のも
のが多い中、このダンボールは3層構造で、持った瞬間に丈夫さを実感できました。それ
からしばらくして街を歩いている時、この会社の看板を偶然見つけ、1枚単位で買えるこ
ともわかり、それからずっと通い続けています。

　このしっかりしたダンボール箱に出会う前は、北欧から届いた荷物は角がつぶれたり、
側面に穴があいていて、「荒波にもまれて届いたんだな」と思わずにいられませんでしたが、
今ではダンボールがダメージを受けることはなく、安心して発送できています。

旅先では貴重なプチプチ

　買付けからアパートに帰ったらもう一仕事。まずお店で包んでもらった紙やプチプチをはずします。「買付けノート」に雑貨をひとつひとつイラストにして、値段や個数を書き込み、どこで何をどれくらい買ったか、一目でわかるようにしておきます。そして寝る前にできるところまで包み、翌朝5時過ぎに起きて、おもむろに前夜からの梱包を再開します。基本的に毎日この繰り返し。「北欧で買付け」というとどこか華やかに感じるらしく、「うらやましい」と羨望の眼差しを向けられますが、実際は地味な作業をこつこつ繰り返す、孤独で地道な仕事なのです。

　割れ物を包むのに一番いいのはバブルラップ、通称プチプチ。買付けをはじめたころは、スーツケースの片側いっぱいにプチプチを入れて、足りない分は現地調達しようと軽く考えていました。ところが現地で売られているプチプチのなんと高価なことよ！日本の価格と比べると3〜4倍で、びっくりしながら、でも仕方なく購入しました。それからというもの、スーツケース以外に、手荷物として機内に持ち込むキャスター付きのキャリーバッグには、プチプチをパンパンに詰めていきます。

　数ある素材の中で、「割れやすさランキングNo.1」はグラス。特にスウェーデンはいいグラスが多く、たくさん見つけた時はうれしい反面、プチプチの使用量がグッと増えるのでちょっとドキドキ。足りなくなったら、アパートから徒歩5分のホームセンターに行って、ロール状のプチプチを購入します。

　夏の買付けは、北欧を案内する雑貨ツアーの1週間を含め、1ヶ月滞在しています。滞在が長くなるぶん、買付けのボリュームも増え、いつも以上にプチプチが必要になります。ここ数年は、夏休みで日本からくる友人と現地で合流して一緒に過ごすことが多いので、友人にプチプチを持ってくるようにお願いして、なんとか乗り切っています。

梱包のコツ

　買付けを続けながら試行錯誤を繰り返した今では、プチプチをふんだんに使わなくても梱包できるようになりました。ポイントは現地で手に入る新聞紙と流通箱を活用すること。プチプチを何枚も重ねる無駄遣いはできないので、まず新聞紙を何枚か重ねて包む→プチプチで包む→更に割れやすいモノは箱に入れて。あとはダンボール箱の中で動いてぶつかり合わないよう、パズルのように凹と凸を組合せ、隙間を新聞紙で埋めます。

　新聞紙はホテルに泊まっている間は朝食時にレストランで、アパートに滞在している時はスーパーマーケットの新聞広告をまとめてもらってきます。流通箱はリカーショップとスーパーマーケットで。リカーショップでは入り口にワインやビールの箱が積まれているので、ワインを買いに行った時に、吟味して箱を選びます。ワインの箱も薄くて心もとないものから、しっかり厚みがあるものまで様々ですが、ボトルを仕切るダンボールが格子状にセットされていて、これがこの上なく便利！脚付きのワイングラスやマグカップなどがぴたりと収まります。

　スーパーマーケットでは、厚みのあるお菓子の流通箱があり、とても重宝します。アパートでは自炊をするので、毎日のように食材を買いに行きますが、朝の品出しのタイミングに行って、梱包に使えそうな空き箱を探します。

　北欧のスーパーマーケットは、デザイン王国らしく、食材のパッケージも秀逸で、そのすばらしさにはいつも感心させられます。すごいのはパッケージ本体のデザインにとどまらず、流通箱もしっかりデザインされているところ。グッドデザインで丈夫な箱は、梱包の役目を果たした後、お店のストックスペースで商品を整理するのに活用しています。

買付けたらまず洗う

　わたしが買付けるヴィンテージは、日常の暮らしで使われていたモノがほとんど。きちんと手入れされている場合もありますが、そうでないケースもよくあります。フリーマーケットで買付けたモノはもちろん、セカンドハンドショップに並んでいるグラスやステンレスの表面はたいてい曇っていて、どことなくぼんやりしています。

　買付けたグラスはきれいに洗って、乾いた布でキュッキュッと磨けば、曇りが取れて本来の透明感を取り戻し、ステンレスのポットはピカピカに輝き、見違える程。時には洗えばきれいになるだろうと買ったホーロー鍋が、ゴシゴシこすっても一向に汚れが落ちなかったり、全てがきれいになる訳ではないけれど、日本に戻って重曹などを使って本格的に手入れをする前に、第一段階としてきれいになった様子を確かめたいのです。

　日曜日は休みのお店が多いので、午前中フリーマーケットに行った後は、アパートのキッチンに立って、ひたすら雑貨を洗って磨いてを繰り返します。手入れをして、きれいになった雑貨をキッチンの棚に並べると、まるで新しい命が吹き込まれたようで、今日もいいモノが買えたな、と満足しながら眺めます。

　何十年も前につくられ、お店の片隅でほこりをかぶっていたモノに、再び光をあてる。モノがキラキラを取り戻すこの瞬間が好きで、時間を見つけてはせっせと手入れをします。

フリーマーケットでのうれしい再会

SPOONFULを立上げてちょうど10周年を迎えた春、改めていろんなことに感謝しながら、初心に戻ってがんばろうと北欧へ買付けに行きました。ストックホルムのフリーマーケットに行った日曜の朝、見覚えのある女性が目に留まりました。

店を立上げる前に、買付けをしながら北欧を旅していた時のこと。ダーラナ地方にある手工芸学校に滞在して、バスケットを編むコースを受講しました。その時に知り合ったのがアンマリーでした。親日家で日本を何度も訪れたことがある彼女とは、帰国後には手紙のやり取りもしました。ニットデザイナーをしている彼女は、編み物の本を何冊も出していて、スウェーデンで見つける度に購入していました。実際に会ったのは11年も前だったけれど、意を決して話しかけてみました。するとうれしいことに憶えていてくれて、「近くにアパートがあるから、よかったらフィーカしよう」と誘ってくれました。

アパートは彼女が大学生の時に住んでいた、一人暮らし向けのコンパクトな造り。古い建物らしく天井が高く、デンマークのヴィンテージ家具や照明でまとめられた、とても雰囲気のいい空間でした。買付けでストックホルムに年に3回きていると伝えたら、「次からはこのアパートを使っていいわよ。普段はスウェーデンの南に住んでいて、このアパートは時々しか使っていないの」とのこと。な、なんと——。ありがたすぎる申し出に、「滞在費はお支払します」というと、「無料でいいのよ、あなたは古くからの友人なんだから」と笑顔で返してくれたのです！

それからは、街のど真ん中にあるアパートに滞在させてもらっています。「この上ない感謝の気持ちって、どんなふうに表現したらいいんだろう？」。ぴったりの言葉は未だ見つかりませんが、せめてものお礼にと、毎回リクエストをきき、日本の食材を持って会いに行きます。ここ数年は、毎年ご夫妻で日本に遊びにきているので、自宅に招いてベジタリアンのおふたりを手料理でもてなし、骨董市など彼らが行きたい東京の情報を伝えて、スウェーデンと日本で交流しています。

フリーマーケットでの再会がもたらしてくれた、うれしいギフト。「雑貨の神様から10周年の贈り物？」などと思わずにはいられない出来事に、人とのつながりの大切さをしみじみと感じ、ありがたさに包まれました。

52 | STOCKHOLM

アパートでは自炊を

　買付けをしながらモノと対峙する日々での楽しみといえば、おいしいものを食べること。仕事が忙しいからといって、食事をおろそかにすることはありません。梱包が早く終わった時は、外に食べに行くこともありますが、基本は梱包の合間にさっとすませます。スーパーマーケットのデリカテッセンやサラダバーで買ってホテルで食べることもありますが、寒い時期は温かいものが食べたくなります。

　アパートに滞在するようになって、旅先で料理ができるってこんなにもありがたいんだ、と実感しました。料理といっても手の込んだものではなく、さっと焼くだけ、茹でるだけ。それでも食べたい食材を料理して、温かい状態で食べられるという、あたりまえのことがうれしく感じられるのです。

　アパートに滞在中、必ずつくるのがサーモンのソテー。1年中脂が乗ったバルト海のおいしいサーモンが手に入るので、オリーブオイルで表面をカリッと、中はしっとりに焼き上げればそれだけでごちそうです。それにレモンをキュッとしぼって、ディルを散らせば北欧らしい一皿のできあがり。よく冷やしたキリッとした白ワインとの相性は抜群です。

　近くの市場に行けば旬の食材が並んでいるので、季節ごとの素材を手に入れて料理します。春はホワイトアスパラガスを茹でてオリーブオイルとレモンで。夏になると登場する、大好きなスウェーデンのイチゴは葉ものやチーズとあわせてサラダに。秋になれば市場でカンタレッラ（あんず茸）を買ってきてソテーし、パスタと和えていただきます。調味料はオリーブオイル、塩、ビネガー、レモン。味付けはごくシンプルですが、これさえあればだいたいはおいしくいただける、少数精鋭のラインナップ。手間も時間もかけられないけれど、料理は何よりいい気分転換。食いしん坊魂を発揮して、できるだけおいしく食べようと心がけています。

ハイシーズンのフライト事情

　夏以外の時期、北欧の空港は基本的にすいていて、セルフサービスの機械でチケットを発券して、荷物を預ける、という一連の動作は並ばずにスムースにできます。それが夏のハイシーズンともなれば、夏休みが長い現地の人達が移動したり、さわやかに過ごせる夏の北欧を目指してやってくる観光客も多く、空港は大混雑。

　7月のある日、1ヶ月の滞在を終え帰国するため、ストックホルムからコペンハーゲンで乗り継ぎをして東京行きの便に乗り込みました。離陸時間が近づいたころに、アナウンスが入り「機材トラブルのため、離陸が遅れます」とのこと。それから同じようなアナウンスが何度も続き、だんだん心配になってきました。機内にとじ込められたまま3時間が過ぎた時、「トラブルが解決しないので、荷物を持って降りて下さい」。それからミールクーポンを渡され、食事をしながらひたすら電光掲示板を見続けました。搭乗ゲートの番号を待っていたけれど、出されたサインは「CANCELLED」の文字。「えーーー、今日帰国できないの？」トホホ……。

　こういう場合、翌日同じ便で帰れるものと思っていましたが、そんなに簡単ではありませんでした。行き場を失った何百人という乗客を振り分けるので、振替便のルートは人それぞれ。詳細はメールで伝えられ、そのメールが何時になるかはわからず、例えば夜中にメールが届いて、早朝フライトという可能性も。はじめは、単純に翌日の同じ便で帰れるなら、「もう1回買付けもしちゃおう」なんてのんきに構えていたけれど、そんな状況ではなくなり、徐々に気持ちが沈んでいきました。

　指定されたホテルのクーポンとタクシーチケットを受け取り、ストックホルム空港で預けたスーツケースと、買付けたモノが詰まったダンボール箱ふたつを探しに行ってピックアップし、タクシーに積みこんでホテルへ。予定通りなら、今頃は空の上。予期せぬハプニングに疲れ果て、早々に眠りにつきました。

　深夜2時にかけた目覚ましで起き、メールをチェックすると航空会社から届いていました。添付されたチケットは、コペンハーゲン→オスロ、オスロ→デュッセルドルフの2枚。

コペンハーゲンの空港。
この後起こる帰国までの長い道のりを知る由もなく…。

　オスロはコペンハーゲンより西側、わたしは東に帰りたいのに！そしてデュッセルドルフから先、直行便で東京に帰れないこともあるの？深夜に届いたメールは胸をざわつかせるだけで、安心できる要素はひとつもありませんでした。
　浅い眠りで朝を迎え、「北欧で唯一行ったことのないオスロは、空港で何かしら楽しめるかもしれない」と前向きに気持ちを切り替えて空港に向かいました。チェックインする際には、デュッセルドルフから東京へまっすぐ帰れることも判明して、穏やかな気持ちでオスロ行きの便に乗りました。ところが……なのです。ここでも出発が遅れ、オスロ空港で待ち時間が2時間あるはずが、到着した時には、乗り継ぎ便の搭乗時間を過ぎていたのです！オスロ行きの機内で、「ここで乗り遅れたらどうなるの？更にもう1泊？お願いだから家に帰らせて……」と祈るような気持ちでいました。幸い乗り継ぎ便の搭乗ゲートがすぐ近くだったので、はじめて降り立ったオスロ空港をダッシュしてギリギリ間に合いました。ふー、やれやれ。
　それからもハイシーズンになれば、出発の遅れは度々起こりますが、この時の大変さを思えばへっちゃら。「日付が変わらずに着いてくれたらよしとしよう」と広い心で受け止められるようになりました。

はじめてダーラナ地方を訪れたのは2004年の夏。手工芸が今も受け継がれるダーラナ地方に、ものづくりを週単位で体験できるサマースクールがあると知り、バスケットと木彫りのボウルをつくるコースを受講するため、2週間滞在しました。

　森の中にある学校の敷地には手工芸店があって、手芸用の毛糸や刺繍糸にはじまり、カゴを編む素材や木工用の刃物、スウェーデン作家のアイテムなど豊富なラインナップ。その品揃えの充実度はスウェーデン国内でも有数です。滞在中、毎日のようにお店に通っていたわたしは、手工芸に詳しい店主と親しくなりました。その後も学校に何度かものづくりを学びに行くうちに、手工芸の知識に長けた校長とも親しくなり、彼女の自宅に遊びに行くようになりました。そうして、手工芸に精通したふたりの女性が、ダーラナのつくり手とわたしをつないでくれました。この出会いがなかったら、ここまでスウェーデンの手工芸に魅了されることはなかったでしょう。

　スウェーデンではフリーマーケットのことをLOPPIS｜ロッピスといいます。響きのよさも相まって大好きなスウェーデン語で、よく使う言葉です。地方に行くと屋内形フリーマーケットの大型店が存在しますが、このお店のことを地元の人達はLOPPISと呼びます。大きな倉庫から自宅のガレージまで、さまざまなLOPPISをめぐるのは、都会の買付けとは違ったおもしろさがあります。

　夏はストックホルムから友人の運転する車で行って、湖畔沿いの古くて小さなホテルに泊まりながら買付けるゆったりコースですが、春と秋は電車で往復6時間、滞在6時間のハードな日帰り旅。時計を気にしながら、クラフトマンに会いに行き、LOPPISでヴィンテージを探して大荷物で帰ります。時間はタイトでも車窓からの眺めがすばらしく、長時間の電車の旅が苦になることはありません。豊かな自然はどこか生まれ育った富士の麓に通じ、森と湖が交互に続き時々赤い家が現れる風景は、いつまでも眺められ、しばしの休息になるのです。

One day in DALARNA

07:25

ストックホルム中央駅に着くと、
まずは掲示板で
乗車する
プラットホームを確認。

11:05

駅まで迎えに来てもらった
木工作家オーラの車で、
まずは1軒目のLOPPISで
買付け。

12:15

オーラのワークショップで打合せ。
新しいアイテムの相談と
次回の発注を。

14:10

オーラご夫妻に
ランチをごちそうになって、
再び LOPPIS めぐりへ。

17:10

白樺職人ラウノに駅まで送ってもらい、
スーパーの入り口で荷物整理して
大荷物で電車に乗り込む。

17:55

ローカル線から、国鉄 SJ に乗り換え。
20 分程の乗り換え時間で
かなり冷え込む。

木工作家 オーラのワークショップ

　木工作家であるオーラの作品をはじめて手にしたのは手工芸学校のショップでした。白樺を削り出してつくられた高台付きの大きなプレートは、温かみがあって個性的なつくりが気に入り購入しました。その時に店主から、「つくり手の男性は近くに住んでいるから訪ねてみたら」と勧められ、数ヶ月後に会いに行きました。

　工房の電動ロクロでつくり出される白樺のボウルは、ひとつひとつに個性があり、手づくりの魅力にあふれていました。「北欧で買付けたヴィンテージと手工芸品を東京で販売している」と話すと、いい店があるからと連れて行ってくれました。うれしいことに、オーラの奥さん・ヴェロニカもヴィンテージが大好きで、お店情報に詳しいので、彼女にも案内してもらってLOPPISをめぐりました。

　屋内形のLOPPISは、棚ごとに売り手が異なり、販売はお店に委託しています。倉庫を改装したような広大なお店がほとんどで、すべてをじっくり見ている時間はありません。でも何年も通ううちにコツがつかめるようになりました。「棚1台＝1軒の店」と捉え、好みがフィットする棚を覚えておくこと。主要な棚は時間をかけ、他はじっくりとはいわずともひと通り目を通します。わたしが雑貨を選んでいる間、レコード鑑賞が趣味のオーラはLPレコードを1枚1枚吟味して選び、ヴェロニカは布ものや食器などを。三者三様に真剣な眼差しで目当てのモノを探します。

　ルーティーンが好きというオーラ。毎回同じ時間に駅まで迎えにきてもらい、同じLOPPISに行き工房で打合せをした後、自宅でランチをいただく。これがわたし達のルーティーンです。その後白樺バスケットのクラフトマン・ラウノの自宅まで送ってもらい、言葉が通じないラウノとわたしのために通訳までしてもらいます。そして次回の訪問時期を伝えハグをしてお別れ。ダーラナで効率よく買付けができるのはひとえにオーラのお陰。何から何まですっかり頼りにしているクラフトマンなのです。

バスケット作家 ラウノのワークショップ

　白樺の樹皮をバスケットに編み上げる職人・ラウノは、フィンランドで生まれ育ち、20代で家具職人としてスウェーデンに移住しました。家具職人を引退してからは、バスケットのクラフトマンとして、工房で毎日黙々と制作しています。

　各国言語が違う北欧ですが、どこに行っても英語が通じるのはとてもありがたいこと。お陰でわたしのスウェーデン語はあいさつ程度から一向に上達しません。ラウノはフィンランド語とスウェーデン語は話しますが、英語は話しません。オーラに車で送ってもらった時は、彼に通訳をお願いしますが、そうでない時もまれにあります。そんな時は、ストックホルムから帰省していた息子さんやフィンランドから遊びに来ていたラウノの弟さん、ある時はご近所のおばさまにも登場してもらって、通訳してもらいながら買付けと次回のオーダーをします。

　前回の訪問時にオーダーしておいたバスケットに加え、棚に置いてある完成品の中からもいくつか選びます。テーブルで使うような小さなバスケットはサイズが統一されていますが、ハンドルのついた大きなバスケットは自由につくられていて、ひとつひとつ形が異なります。とてもいい形ばかりでたくさん買いたいけれど、ハンドルが付いているため入れ子にできず、大きなサイズを持って帰るには3〜4個が限界。どれを選ぶか毎回真剣に検討します。

　バスケットを選び終わると、今度はラウノにLOPPISに連れて行ってもらいます。「30分ね」といっていそいそと店内に向かい、またモノ探しをはじめます。その間ラウノはというと、古い工具を探したり、カフェコーナーでフィーカをしながら静かに待っていてくれます。そのあと駅まで送ってもらってハグをしながら、「Tack så mycket, Vi ses, Hejdå（どうもありがとう。またね、さようなら）」とスウェーデン語で伝えてお別れします。

　北欧の手工芸のアイコンともいえる白樺のバスケット。ラウノは80代半ばと高齢ですがまだまだお元気。スウェーデンの作家さんは90代で現役の方々もいらっしゃるので、できるだけ長くつくり続けてほしいと願うばかり。「元気でいてね」といつも祈るような気持ちでダーラナを後にします。

頼りになる大容量のビニールバッグ

　スウェーデン生まれのホームセンター clas ohlson | クラスオルソンは、スウェーデン国内の
みならず、北欧4ヶ国で直営店を展開しています。きれいな水色が目印の clas ohlson は、
ヘルシンキでいつも泊るホテルや、ストックホルムのアパートから近いので、滞在中はよ
く利用しています。買付けたスツールの脚をはずすためにドライバーが必要になったり、
プチプチが足りなくなったり、急に何かが必要になった時、clas ohlson へ行けばだいた
いはなんとかなります。
　買付けをはじめた頃は、大物を買った時用にIKEAのビニールバッグを使っていました。
IKEAのバッグは容量こそありますが、舟形ゆえ底面が小さく安定感がないのが難点でした。
　梱包用テープを買いに clas ohlson に出かけたある日、レジ横に何やら大きなビニール
製のバッグを見つけました。厚みがある水色のバッグを広げてみれば、底面が長方形の直
方体で容量たっぷり、安定感も申し分ありません。すぐに2枚購入し、数日後のダーラナ
への買付けに持って行きました。底面が大きいので、白樺の大きなバスケットを複数入れ
られ、電車の網棚にも安心して乗せられました。「なんて心強い道具を見つけたんだろう」。
ストラップは長短2本がついていて、肩から下げて、手に持って、とその時々で持ち方を
変えられます。それからというもの、ダーラナへの買付け以外にも、大型フリーマーケッ
トには必ず持っていきます。
　自宅に置いているスーツケースには、大量のプチプチとこのバッグ2枚も忘れないよう
に必ず一緒に入れています。それ以外にも、万が一生産中止になったら大変と思い、予備
も何枚か常備しています。定番商品なので無くなりはしないだろうけれど、念には念を。
それくらい、買付けになくてはならないアイテムなのです。

スウェーデン最南端にあり、ストックホルム、ヨーテボリに次いで3番目に大きな街マルメは、デンマークがほど近く、コペンハーゲンまでは電車で30分。コペンハーゲンは北欧の中でも物価高ですが、マルメに行くといろんなものが安く感じられ、ホテルに至っては、半分の値段で部屋の広さは倍、なんてこともあります。

　広いのはホテルだけでなく、セカンドハンドショップもしかり。どこも広くてゆったりとした店構えで、家具の売り場も必ずあります。ストックホルムのアンティークショップは品揃えはいいけれど、値段もそれなりに高価。その点、マルメのアンティークショップは比較的リーズナブルで、高い値段に悩まされることはほとんどなく、安心してショップめぐりができます。

　街はそれほど大きくないので、少し離れた場所にあるセカンドハンドショップにバスで行く時以外は徒歩でまわります。梱包の合間にちょっと時間ができると、歩いてデザインミュージアムのショップやカフェに行ってひと休みします。

　コペンハーゲンの街に何日か滞在するなら、日帰りでマルメに行くのもおすすめ。国が変われば言葉も通貨も街の印象もがらりと変わりますが、その違いを体感するのもおもしろいです。街の中心には川が流れていて、川沿いに建つ市立図書館は、煉瓦造りの旧館とガラス張りのモダンな新館があり、どちらも見応えがあります。古くて大きな教会もいくつかあり、どこかのんびりとした雰囲気が漂います。

　コペンハーゲンからマルメへ電車で行く場合、スウェーデンの国境近くの駅で一旦停止して、車内でパスポートを確認されるので、パスポートはお忘れなく！

One day in MALMÖ

08:50

ホテルで朝食。
スウェーデンの丸いパンに、
チーズ、キューリ、
卵のオープンサンド。

10:10

バスで郊外の
セカンドハンドショップへ。
お店が広くて、
時間がかかってしまう。

11:45

一旦荷物を置きにホテルへ。
買付けたバスケットは
こうしてバッグ代わりに。

16：50

ホテルに戻る途中に
ワインを買いに行って、
ダンボールをいくつか
もらってくる。

18：10

スーパーに買い物に行く途中、
友人に教えてもらった
カフェに寄ってフィーカ。

19：50

夕食後に梱包の続きを。
もらってきたビールの流通箱が大活躍。
21時に作業終了。

男達のアンティークショップ

　マルメにはじめて行ったのは2004年の6月。コペンハーゲンからはじまり、買付けしながら徐々に北上していく4ヶ月の旅の途中でした。マルメはホテルの滞在費が安く、キッチン付きのホテルアパートメントに1週間滞在しました。コペンハーゲンのホテルとは違い、広々していてソファーまであって、たった30分離れるだけでこんなにも違いがあるのだと実感しながら、のんびり過ごしました。

　当時はごくわずかな情報をもとに、毎日雑貨を探して街を歩いていました。コペンハーゲンはフリマなら値段的に買えるモノがありましたが、アンティークショップともなると、高くてほとんど手が出せませんでした。それがマルメでは、アンティークショップでもためらわず買える値ごろ感があって、安心していろいろ選ぶことができました。

　一番長く通っているアンティークショップは、食器やデコレーション、家具などわりとなんでも扱っていて、陳列というよりは「とりあえず置いている」という状態。カテゴリー分けはあまりされておらず、いろんなモノが積み重なっています。それでもなかなかの品揃えゆえ、きちんと探せば何かしら見つけられるので、毎回楽しみにしながらドアを開けます。すっかり顔なじみのお店のオーナーからは、時々「これ誰がデザインしたか知ってる？」とたずねられるくらい、気心の知れた仲です。

　他にも、家具を中心としたおにいさんのお店は、週の半分しか営業していない上に休みも多く、年に1、2度しか行けないけれど、小さな家具やカトラリーが充実しているので、ここでまとめ買いします。また別のアンティークショップのオーナーはヴィンテージの知識に長けていて、きくとなんでも答えてくれる頼もしい男性。でも床には常に大きな掃除機が出しっ放しで、かなりごちゃごちゃしているので、探し出すのに、それなりの時間が必要です。

　少しずつ開拓していったマルメのアンティークショップは、気付けばどこも男性オーナーが1人で買付から販売まで行っています。彼らは見やすく陳列しようという意識はあまりなさそうですが、みんな本当にモノが好き。そうでなければ、こんなにたくさんのモノを集めることは不可能です。これからも「男達の店」に足繁く通い続け、雑然とした中から「キラリ光るモノ」を探し出すことでしょう。

72　｜　MALMÖ

貴重な時間に大切な精算を

　朝早く開かれる屋外フリーマーケットがないマルメでは、10時からはじまるお店のオープンにあわせて出かけるため、比較的ゆっくりできます。そんな貴重な時間は無駄に過ごさず、その時点でできることを。

　買付けの旅では、日に日に領収書が溜まっていきます。東京に戻ってから、2週間分、夏なら1ヶ月分の精算をまとめるには、それなりに時間がかかるので、旅の途中でそれまでの精算をするようにしています。

　買付けノートに書き込んだアイテム、単価、数量を、あらかじめつくってあるエクセルの計算式に入力します。そうすれば、どこでどれくらいの買付けができているか把握でき、「まだまだだな」とか、「意外といい線いってる」と途中段階の目安になります。買付け以外の経費の清算もこの時に。交通費や宿泊費以外にも、プライベートの買い物から飲食代まで、レシートを仕分けし記録しておきます。

「買付けの予算はあるんですか？」ときかれることがありますが、予算は組みません。ヴィンテージとの出会いは一期一会。見つけた時が買い時です。その時手に入れなければ、次に見つかる保証はどこにもないのです。

　旅先では、SPOONFULのオンラインショップを更新するため、ノートパソコン・Mac Book Airを持ち歩いています。梱包中は聴き慣れた音楽を流し、精算はエクセルに入力し、iPhoneで撮った画像は同期させてバックアップもできます。1台で何役もこなしてくれるMacは、買付けにはなくてはならない万能ツールです。

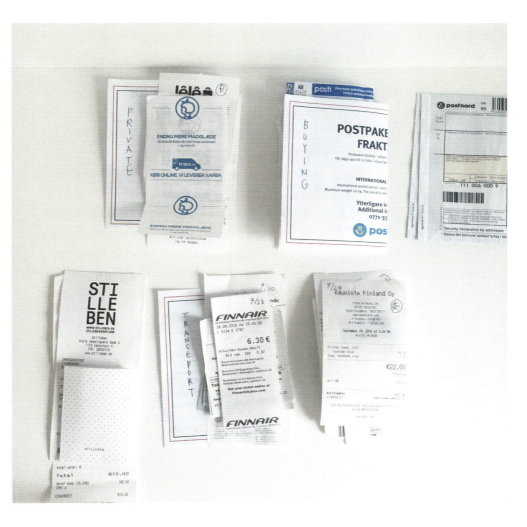

貴重品一式紛失事件

　コペンハーゲンからマルメに電車で向かっていた時のこと。スーツケースとキャスター付きのキャリーバッグ、大きなトートバッグを持って移動していて、トイレに行こうとトートバッグから貴重品を入れた小さなバッグを取り出しました。トイレから出ると程なくしてマルメに着き、ホテルまで歩いて行きました。ホテルに着いてチェックインしようと財布を探すと、貴重品を入れていた小さなバッグが見あたりません。「あー、電車のトイレだ!!!」あわてて事情を説明し、荷物を預けて駅に戻りました。駅のインフォメーションで事情を伝えると、日本のように、「電車内に連絡して荷物を探してくれる」というサービスはないことが判明。遺失物センターに電話かメールで問合せするようにとのこと。あいにくその日は土曜日で、土日はセンターは休み。とにかくホテルに戻って対策を練らないと……。

　旅の貴重品は、現金、クレジットカード数枚、パスポートとそのコピー。万が一に備え、常にふたつの財布に分けていました。それなのに、ふたつを一緒にバッグに入れて置き忘れてしまっては、分散させている意味がまったくありません!! 幸いホテルの支払いは予約時にネット決済していて、朝食も付いていて、会員向けのクーポンを使って、売店でサンドイッチを買うこともできました（涙）。なんとか「宿無し＋飲まず食わず」という最悪の状態は避けられました。まさに「首の皮一枚」。

　部屋に入ってまずクレジットカード会社に電話しました。こちらは24時間体制だったので、事情を説明してすぐに再発行してもらえました。翌日ドイツから発送され、月曜の午前中には届けてもらえるとのこと。この時点で買付けの旅はまだ前半が終わったところ。カード会社の迅速な対応に助けられ、月曜日から買付けを続行することができたのです。

　まさかの展開で海外で無一文で過ごすことになった日曜日。まず朝食をとり、昼夜用にそれぞれ具材を変えてサンドイッチをつくり部屋に戻りました。ビュッフェのありがたさがこんなにも身に染みたことって、かつてあったでしょうか。午後は気分転換に散歩がてらセカンドハンドショップに行って、翌日の買付けに向け、何を買うか目星を付けるべく、じっくり「下見」もしましたっけ（苦笑）。

朝食ビュッフェから持ち帰ったクッキーと、
部屋に備え付けのコーヒーでフィーカ。

　そして月曜日の朝、クレジットカードを受け取って買付けに行き、火曜日にストックホルムに移動して、まず警察に行って遺失物届けを初体験。失くしたバッグと財布の特徴、現金、パスポート、クレジットカードなどについて詳しくきかれました。最後にメールアドレスと携帯番号を書いて、もし見つかったら連絡するとのこと。帰りにパスポート用の写真を撮って、翌日はパスポート再発行のため大使館に行く予定でした。すると翌朝、警察からメールが届いているではありませんか！なんと、紛失したバッグがマルメで保管されているとのこと!!「紙幣はないけれど、それ以外はリストに書かれたものがすべて揃っている」と書かれていました。すぐに確認の電話をすると、遺失物をストックホルムまで送ってくれるとのことでこれまたびっくり。失くした現金は2万円代で被害は最小限、パスポートの再発行もしなくてすみました。
　何年も買付けをしていて、こんな大失態ははじめて。自分の不注意が招いた一大事のせいで毎日気もそぞろでした。今振り返っても気持ちがざわついてしまうくらい、もう二度と経験したくない出来事。教訓としては、移動中は貴重品を身体から離さないこと。それからというもの移動時の貴重品は斜めがけのバッグに入れ、肌身離さず持ち歩いています。

デンマークのヴィンテージにはどんなモノがあるかときかれて、まず思い浮かぶのは著名デザイナーが手掛けた家具です。ハンス・J・ウェグナー、アルネ・ヤコブセン、フィン・ユールなどは巨匠と呼ばれるにふさわしく、彼らが遺したすばらしい作品は、いつの時代にもなじむ普遍性があります。

　コペンハーゲンにはそんな名作の家具ばかりを集めた、店構えも立派な高級アンティークショップがありますが、日本で買う値段と変わらないのでは？と思うくらい高額です。北欧の中でも物価が高いデンマークでは、食器などの雑貨を扱うアンティークショップであっても値段は高めで、たくさんは買えません。ここでの買付けの狙いどころは、週末のフリーマーケット。市民参加型だと値段はリーズナブルなので、そこでいろいろ見つかるとほっとします。

　ここで特に探したいのは、チークの家具や照明など、グッドデザインのインテリアや、他の国では見つからないステンレスとチークを組み合わせたアイテムです。ステンレスの大きなメーカーがあったので、ステンレスにハンドルがチークのミルクパンやコーヒーポット、柄がチークのカトラリーやサーバーなどいろんなアイテムが見つかります。バリエーション豊富なステンレス探しは、ここでの楽しみのひとつ。他にもホーローメーカーDANSK | ダンスクの、北欧らしいきれいな色のホーロー鍋やフライパンも、見つかると必ず手に取ります。

　コペンハーゲンの街の移動はバスが一番便利で、チケットは乗車時に車内で買えます。買付けは週末だけのショートステイですが、朝早くからの仕事が一段落した午後は、バスで美術館へ向かい中庭で遅めのランチタイムを過ごしたり、ミュージアムショップをリサーチして、気分転換をしながら過ごします。

78　| COPENHAGEN

One day in COPENHAGEN

07:15

土曜の朝はフレデリクスベアのフリマへ。
バスに乗り遅れてちょっと焦る。

09:00

ホテルに戻って遅い朝食。
黒パンのオープンサンドとベリーをかけたヨーグルト。

10:25

2軒目のフリマから戻って
荷物を広げる。
部屋が狭いため、
広げるのはベッドの上。

82 | COPENHAGEN

14:15

デザインミュージアムの中庭で
遅めのランチ。
コペンハーゲンでは
必ず訪れる場所。

17:45

ひたすら梱包をしていて、
ふと窓の外を見ると雪。
本当に天気が変わりやすい街。

18:50

夕食は
ベトナム料理店・LELEで
フォーをテイクアウト。
汁麺を食べてほっと一息。

83

FREDERIKSBERG LOPPEMARKED
フレデリクスベア ロッペマーグー

コペンハーゲンの中心からバスで15分程、西側に位置するFREDERIKSBERG｜フレデリクスベアは集合住宅が建ち並ぶ住宅街。市庁舎の裏にある駐車場では、4月から10月の毎週土曜日、朝8時からフリーマーケットが開かれています。ここは市民参加型のフリーマーケットなので、買いやすい価格なのが何よりうれしいポイント。早い時間に到着すると、出店している人はまばらですが、いいモノを狙うなら早く行くに越したことはありません。車に荷物をのせた人達が続々と到着して、会場は売り手と買い手で賑わいはじめます。出品者の持ち場はおよそテーブル1、2台分。持ってきたモノ全ては出し切れないので、売れたら出す方式。そのため会場を何周もぐるぐるまわって、少しずつ見つけていきます。

デンマークでもグッドデザインのバスケットが見つかりますが、アスファルトに直置きされていることが多いので、チェックは足元まで抜かりなく。売り物として持ってきているモノはもちろん、売るモノを運ぶために持ってきた、私物と思われるバスケットもダメ元で値段をきいてみます。「これは私物だから売れないわ」という人もいますが、中にはよろこんで売ってくれる人もいるのです。

ネイビーの植物柄が有名なロイヤルコペンハーゲンですが、1900年代中期にはシンプルな無地の陶器をいろいろつくっていて、アイボリー色のシンプルなスープボウルやプレートなどはここで時々見つかります。

会場の奥には円形のコーヒースタンドがあって、コーヒー、デニッシュ、生ビールまで揃っていて、夏はおじさま達が集って朝からビールを飲んでいます。ここでコーヒーブレイクをとりながら何周もして、キャスター付きのバッグが一杯になったところで、すぐ近くにあるバス停からホテルに戻ります。

84 | COPENHAGEN

FREDERIKSBERG
LOPPEMARKED
Smallegade 1, Frederiksberg
DENMARK

HALMTORVET LOPPEMARKED
ヘントーヴ ロッペマーグー

　中央駅の裏側に位置する細長い広場で開かれる小さなフリーマーケット。すぐ近くのホテルを定宿にしているので、FREDERIKSBERGから戻ったら、荷物を部屋に置いて、デニッシュとコーヒーで朝食をさっととり、ここのフリマに向かうのがいつものコース。

　以前はもっと広いスペースでしたが、駅裏の区画整理の影響で、マーケットは縮小されて以前ほどの活気はなく、わたしが行く時間が遅めということもあって、人はまばらでのんびりしています。

　出店しているのはプロが多く、出されているヴィンテージもマニアックなモノが多い印象です。店主がコレクターと思われる、ガラスケースに入れたアクセサリーや金属でできた小物などを売るお店も何軒かあります。編み目の美しい大きなバスケットを見つけた時には、おばさまから「底の汚れが気になったら、バスタブにお湯をためてバシャバシャさせるときれいになるよ！」とアドバイスをいただきました。買付けたバスケットの汚れが気になった時は、この方法で洗うと、こざっぱりとしてきれいな姿がよみがえります。

　時々、郊外のアンティークショップが在庫処分のために出店していることがあります。ジャンク度は高めですが、値段は破格になっているので、ここでいくつか掘り出し物が見つかるとラッキー。たくさん買った時は、赤いハートマーク入りの大きなオリジナルダンボール箱をもらえるのも助かります。

　このフリマ会場からほど近いISTEDGADE｜イステゲードという通りは、アンティークショップやインテリアショップ、カフェやレストランが何軒も建ち並ぶおすすめのエリア。フリマの後はこの通りに行って、気になるお店を何軒かまわってからホテルに戻ります。

HALMTORVET LOPPEMARKED
Halmtorvet, Copenhagen
DENMARK

88 ｜ COPENHAGEN

FORUM LOPPEMARKED　│　フォーム ロッペマーグー

　コペンハーゲン中央駅からバスで10分程で到着するFORUMは、世界的に有名なミュージシャンのワールドツアーの会場にもなるくらいの大型施設。2階もあって長方形の建物に沿ってつくられた幅広い通路にもブースがずらりと並びます。階段で1階と2階を何度も行き来するので、いつも以上に脚力が求められます。
　年に3回開催されるFORUMのフリーマーケットに出店しているのは、プロのディーラーから一般の市民までさまざまで、家具を出している人が多いのもここの特徴。ディーラーの出品はもちろん高額ですが、中には小さな家具やランプシェード、デスクライトなど、小振りでグッドデザインのインテリアがお手頃価格で見つかることもあるので、高額そうだからと躊躇せず値段をたずねます。
　ここには「アーリーバード」という制度があって、通常は40クローネの入場料のところ、200クローネ払うと特別に事前入場できます。前日の設営日と初日の開店前の朝早く、一般の人達が入場する前に、アーリーバード枠で一足先に入場します。めぼしいモノを見つけると、まず売り手の方に声をかけます。品出ししている最中に値段をきくのは、作業の妨げになるので気が引けますが、先方もどんどん売りたいので、快く対応してくれます。
　値段が高くて、他を見つつ検討しようと一旦手放し、「やっぱり買おう」と決心して行くと既に売れている、ということはよく起こります。レアアイテムはそれなりに高額なので、買うべきか買わざるべきか、決断を迫られ即決できたり保留にしたり。そんなことの連続で、頭は常にフル回転。荷物を持って会場を歩き続けるので、1日が終わった時には、頭も身体も疲れきっています。

FORUM KØBENHAVN
Julius Thomsens Pl. 1,
Frederiksberg, DENMARK

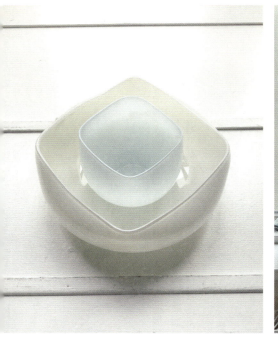

　コペンハーゲンでの大型フリマの日は朝早くから出かけて夜遅くまで梱包と、長い1日になりますが、他では買えない家具や照明など、バリエーション豊富にいろんなモノを買うことができます。ホテルに帰ると、その日の収穫を床に広げ、「今日もいいモノが買えたな」と満足してほっと胸をなでおろします。

　北欧でも有数の室内マーケットであるFORUMでは、北欧の顔見知りによく会います。ストックホルムのアンティークショップのオーナーや、ヘルシンキの夏のフリマに毎週出店するご夫婦に声をかけられたり。マルメのアンティークショップのおにいさんとは、「何かいいモノあった？」「高くてあまり買えないよ」と声をかけあいます。各国からプロが集まるくらい、品揃えのよさはお墨付きの大型フリーマーケットなのです。

デンマークの郵便局事情と救世主

　赤地に金色の王冠とホルンが目印のデンマークの郵便局。数年前までは、中央駅の郵便局が市内で唯一日曜日も営業していたので、中央駅からほど近いホテルを定宿にして、日曜日にここから発送していました。ところがある年から日曜日の営業を止めてしまい、数年後にはその郵便局自体がなくなってしまいました。

　日曜日に荷物が発送できないということは、①土曜日の閉店時間の14時までに発送に行くか（土曜日は朝からフリマをまわって→梱包→郵便局へ、とかなりのドタバタ劇）、②梱包を終えた日曜日の午後はホテルで無駄にのんびり過ごして月曜日を待つか（日曜日のコペンハーゲンはほとんどのお店が休み）の二者択一。どちらも好ましくはないけれど、こればっかりはどうしようもない……と思っていた矢先に、救世主が現れたのです。

　日本で北欧家具のお店をされているオーナーに、フリーマーケットでばったり会った時のこと。立ち話で「郵便局問題」で困っていると話すと、「デンマークからコンテナを年に何回も出しているので、3、4ヶ月掛かってもよければ混載できますよ」と申し出てくれました。しかも希望の日にホテルまで取りにきてくれると！そんな夢のような発送ができるなら、到着に数ヶ月掛かってもお願いする価値は十分。それからというもの、土曜日に時間に追われてバタバタするか、日曜日に暇を持て余すかの、究極の選択ともいえる事態とさよならして、平和な買付けができています。

　ちなみに、郵便局から国際小包を送る際、窓口で手続きをする他、セルフサービスの機械もあります。住所などの必要事項を入力して重さを量り、支払いをすると送り状がプリントアウトされ、それを貼れば手続き完了。重さは5kg単位の従量制で上限は20kg。郵便局オリジナルのダンボールは、サイズが豊富に揃っているので、その場で買って送ることもできます。プチプチが内蔵された白い封筒もかわいくておすすめです。

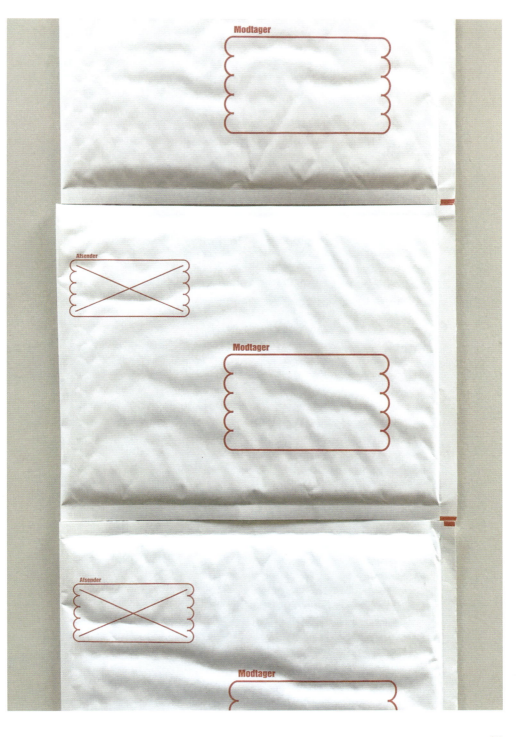

ダンボール箱の隙間にはキッチンペーパーを

　週末だけの短い滞在になるコペンハーゲンでは、あらかじめダンボール箱を用意してお
いて、買付けたモノを詰めることを余儀なくされます。フリーマーケットで買い集めたモ
ノで、うまく収まる時もあれば、そうでない時も。土曜日の出来高をダンボール箱に入れ
てみて、余ったスペースを把握してから日曜日のフリマへ出かけます。日曜の朝はフリマ
でモノを探す最後のチャンス。「あのスペースを埋めるには、大きなランプシェード？　そ
れともホーローの深鍋？」などと電車で考えながら現地に向かいます。まさにパズルのピー
スを探すがごとく。大きなモノを見つけたら、次はその中に入れる最適なサイズのモノ
を探しはじめます。大きなランプシェードの凹みやバスケットの中には、何かしらを収め
たくなるもの。せっかくなら、できるだけ詰め込んで、隙間のないパズルにして送り出し
たいのです。奇跡的にぴったりのモノが見つかった時は達成感と共に帰りますが、収穫が
なかった時は、空いたスペースを埋めるべく、スーパーマーケットへ向かいます。
　コペンハーゲンに滞在する時は毎日のように通う、大好きなスーパーマーケットIRMA
｜ィャマ。少女の横顔のロゴマークが入ったオリジナルパッケージの商品がずらりと並び、
ミネラルウォーターやオーガニックのサラダ以外にも、紅茶やハンドクリームなどおみや
げにもぴったりなアイテムも選びます。模様が入ったオリジナルのキッチンペーパーは、
日本では見たことのないかわいさ。「買って帰りたいけどかさ張るよね」と買わずにいまし
たが、ある日ふと、「ダンボールの隙間に入れたら緩衝材代わりに使えるんじゃない？」と
ひらめきニヤリとしました。それからというもの、ダンボール箱に隙間が出来れば、
IRMAへ買いに行きます。ホテルの目の前にあるスーパーマーケットでももちろん買えま
すが、キッチンペーパーなら何でもいいわけではありません。かわいいモノへの小さなこ
だわりが、往復10分のスーパーマーケットへ向かわせるのです。

北欧へはスカンジナビアンエアーでデンマークから入るか、フィンエアーでフィンランドから入るか、2通りの直行便があります。デンマークへは11時間、フィンランドなら9時間のフライト。この2時間の差で身体の疲れがだいぶ違うことを体感してからというもの、使っているのはフィンエアーばかり。まずヘルシンキに着いて数泊してから他の国へ移動するのがいつものコースです。

　首都でありながらコンパクトなヘルシンキは街全体を把握しやすく、徒歩でいろんな場所をまわれます。歴史を感じさせる造りの教会からモダンな美術館まで、見応えのある建物が多く、建築を観るというたのしみもあります。

　フィンランドで探すヴィンテージといえば、ARABIA | アラビアが筆頭にあがります。ヘルシンキ中央駅からトラムで15分ほど北側にあるARABIA地区で、陶器工場として創業したのは1873年。今は日本でもとても馴染みのあるARABIAですが、わたしが特に好きなのは、1950〜60年代に生み出されたヴィンテージ。それはカイ・フランクがデザインディレクターを務めていた時代と重なり、彼自身のデザインや彼に師事したウッラ・プロコッペのデザインは、シンプルで機能的なモノから、特徴のあるフォルムまで、見惚れるデザインばかりです。

　フィンランドといえばmarimekko | マリメッコも見逃せません。街には直営店が何軒もありますが、半世紀も前にプリントされたヴィンテージ生地は唯一無二。簡単には見つかりませんが、いい柄があれば少々高くても購入しています。

　ヘルシンキの港にはフリーマーケットと、生鮮食品や手工芸品のマーケットの2ヶ所があって、他の北欧の街とは違ったたのしさがあります。寒い時期はお店の数はグッと縮小しますが、暖かい時期になると毎日開催されるマーケットは、朝の散歩がてらや、ショッピングの途中など、気軽に立ち寄ることができます。

100 | HELSINKI

One day in HELSINKI

08:35

スーツ姿の
ビジネスマンが目立つ早朝のレストラン。
ブルーベリーケーキと
コーヒーで朝食。

08:50

HIETALAHDEN のフリマへ。
カフェコーナーは
10代のかわいい兄妹がお店番。

11:35

KAUPPATORI のマーケットへ、
木彫りのクマをつくる
おじいさんに会いに。

104 | HELSINKI

12:50

オールドマーケットホールの
カフェレストラン、
STORY で
サーモンスープを。

18:20

中央駅近くの郵便局へ
荷物の発送に。
記念切手の新商品を
チェックして購入。

18:50

郵便局からホテルへ戻る途中、
行きつけのビールバー・
ビエール ビエールで
労働後の1杯！

HIETALAHDEN KIRPPUTORI　│ ヒエタラハデン キルプトリ

　会社勤めのバイヤーをしていた夏休みに、北欧へひとり旅に出かけました。ひとりでも安心して旅ができる治安のよさも北欧の魅力のひとつです。ヘルシンキの1日目はマーケットめぐりからスタートしました。HIETALAHDENのフリーマーケットでは、ARABIAの白いコーヒーカップやIITTALA│ｲｯﾀﾗのガラスキャニスター、ホーローのミルクパンなどを見つけました。当時から「重くて割れる物」ばかりを選んでいて、我ながら笑えます。その頃はまだユーロになる前で、独自通貨・マルカのコインのモチーフはクマ、アザラシ、すずらん。「なんてかわいいんだろう」と目を細めていました。

　HIETALAHDENは市民参加型のフリーマーケット。暖かい季節になれば、出店する人の数も徐々に増え、週末ともなればたくさんの人で賑わいます。夏になると毎日のようにここにお店を出していて、顔見知りになった人もいます。marimekkoのヴィンテージ生地だけを扱うおねえさんもそのひとりで、フィンランド国内でもなかなか見つけることができないレアなプリント生地を揃えています。直営店で買える現行品は色鮮やかでパリッとノリが効いていますが、ヴィンテージの褪せて落ちついた色や、何度も洗ってやわらかくなった風合いには、また別の魅力があります。ARABIAのレアな陶器やIITTALAのグラス、手工芸品などいいモノばかりを揃えた、ヴィンテージの知識が豊富なカップルとは、デザインのよさについて語り合います。

　広場の一角には、カフェコーナーがあり、パンやコーヒーと共に休憩できるので、会場を何周もまわってここで一息ついて、もうひとがんばりしてから帰ります。

HIETALAHDEN KIRPPUTORI
Hietalahdentori, Helsinki
FINLAND

106　│　HELSINKI

　駐車場の脇に建つマーケットホールは、以前はアンティークショップが何軒も入っていましたが、数年前にリノベーションされ、食品を扱うフードホールに変わってしまいました。それを知った時に、お店はどうするのか店主達にきいてみると、「市内にいい場所があれば、移転したいけど、どうかな」とか、「いいタイミングだから店仕舞いしようと思う」と、みんなどこか寂しそうでした。馴染みになった店主達が集っていた室内マーケットは、今思えば、彼らの審美眼によって選ばれたよきモノが勢揃いした、貴重な空間でした。
　時代と共にさま変わりしたけれど、今でもまずはここへ出かけ、ヘルシンキでの1日をはじめます。

KAUPPATORI | カウッパトリ

　街の中心にある目抜き通り、Espranadi｜エスプラナディを西に進むと、港に立つオレンジ色のテントが見えてきます。KAUPPATORIのマーケット広場は、野菜やフルーツの量り売りやスープの専門店、シナモンロールが自慢のカフェなどが軒を連ねます。夏は鉄板焼きの屋台がたくさんお目見えし、観光客で賑わいます。「鉄板焼きの屋台」といってもそこはフィンランド。日本の屋台のイメージとはほど遠く、marimekkoのエプロンをつけた、かわいいおねえさん達がせっせとサーモンやニシンを焼いています。この香ばしい香りに誘われるがままに、焼きたてサーモンをほおばることもあります。

　このマーケットは食欲が満たされるだけではありません。奥に進めば、手づくりマーケットを開く人達が小さなテーブルに作品を並べています。手編みの手袋や帽子、フェルトの人形をつくるおばあさんや、木彫りのクマをつくるおじいさんなど、作品もつくり手もほのぼのした雰囲気。中でも、自宅の織り機で制作した、美しい織物のつくり手の女性と、白樺のバスケットと陶器をつくる女性には必ず会いに行きます。毎回ラインナップが違うので、新鮮な気持ちでいくつか選びます。

　手づくり以外にも、おみやげを揃えたお店もたくさんありますが、おみやげと侮るなかれ。中にはFINLANDと焼印の入った木のバターナイフや、サーバーなどの手工芸品ばかりを集めた、雑貨好きにはうれしいお店が見つかります。

KAUPPATORI
Eteläranta, Helsinki,
FINLAND

　夏に旬を迎えるイチゴやブルーベリーはよく買うもののひとつ。ホテルに戻って、仕事をしながらつまんだり、朝食がわりにします。この時期はエンドウ豆も山盛り状態で売られ、甘くておいしい豆を、生のまま食べ歩きする現地の人達をよく見かけます。

　すぐ近くにある、煉瓦造りのVANHA KAUPPAHALLI｜ヴァンハ カウッパハリ（オールドマーケットホール）もおすすめのスポット。海辺に沿った細長い造りの室内マーケットは、通路の両サイドに食関連のお店が立ち並び、奥にはカフェやレストランも入っているので、雨の日や寒い時期はここでランチをいただきます。

郊外のアンティークショップ

　ヘルシンキから鉄道VRに乗って40分もすると、郊外の町に着きます。高い建物はなく、空が広くてのんびりとした町に大きなアンティークショップがあります。このお店のおにいさんと出会ったのは、夏の大きなフリーマーケット、FISKARS｜フィスカルスでした。ARABIAの食器やホーロー鍋などをたくさん選んで、日本でお店を持っていると伝えると、「次にヘルシンキにきたらお店においでよ」とショップカードを渡してくれました。3ヶ月後の秋の買付けではじめて訪れたお店は、想像以上の大きさでびっくり！店内はカテゴリーごとに仕分けされて棚に陳列されたエリアと、仕分け待ちのダンボール箱が山積みのごちゃっとしたエリアに分かれています。中でも食器コーナーは広く取られ、そのほとんどがARABIA製。大通りに面した棚には、FINEL｜フィネルのホーロー鍋やケトルが並んでいます。「気軽な気持ちでやってきたけれど、これは本腰をいれなければ」と腕まくりしてスイッチを入れました。

　買付けたモノを持って帰るために、キャスター付きのバッグを持ってきてはいたけれど、とても持って帰れる量ではなくて、おにいさんに相談。すると、「ここで梱包した後近くの郵便局まで車で送るから、そこから発送すればいいよ」と完璧な提案をしてくれました。そしてプチプチや新聞紙、ダンボールなどもすべて用意してくれて、大きなテーブルを借りてせっせと梱包しました。

　作業が一段落すると、毎回コーヒーブレイクをすすめられコーヒーを片手にケーキをいただきます。お店の中心にあるソファコーナーは、ご近所さんのたまり場らしく、いつも誰かが座っておしゃべりしています。テーブルにはお母さんお手製のケーキがあって、中でも十八番のシナモンが効いたケーキはしっとりとおいしく、必ずいただきます。

　お母さんにフィンランド語で「Kiitos, moi moi（ありがとう、またね）」と伝え、おにいさんの車で郵便局へ。発送後には駅まで送ってもらって、まさに至れり尽くせり。ここでもまた、現地の人にお世話になりながら、効率のよい買付けをさせてもらっています。

114 ｜ HELSINKI

郊外へは鉄道VRで

　郊外にあるアンティークショップに行く時や、夏のフリーマーケットに行く時は、ヘルシンキから鉄道VRに乗ります。車体にはグリーンのグラデーションで描かれた、魚をくわえたクマ、白鳥と湖、空飛ぶコウノトリ。このグラフィックがなんとも楽しげで、旅のワクワク感を盛り上げてくれます。更に車輛によっては食堂車もあって、生ビールも飲めちゃうのです！フリーマーケットで1日中歩きまわった後に、車内で飲む生ビールのおいしさは言葉にできません。

　北欧各国を旅していると、鉄道駅の静けさがいいなと、度々感じます。日本ではあたりまえの、騒々しいベル音やアナウンスがないのでとても静かです。考えてみれば、アナウンスされなくても乗客が自ら発車時刻やプラットホームを確認すればすむこと。とてもシンプルな考え方です。お陰で中央駅のような大きな駅であっても、騒音にせかされることはなく、静かに時間が流れます。

　VRの始発駅・ヘルシンキ中央駅が現在の建物になったのは1919年、今からちょうど100年前です。設計したのは女性建築家のエリエル・サーリネン。石造りの古い建築は重厚感が漂います。メインエントランスには、髪をパツンとボブスタイルにした巨大な石像がライトを手に、対になって鎮座しています。駅舎内の、アーチ状の窓や高い天井から下がる照明は、目を奪われるくらいすばらしいデザイン。

　チケットは券売機でも買えますが（英語もOK）、時間があればチケットオフィスもおすすめです。天井が高く曲げ木が施された空間は見応えがあって、順番を待っている間も退屈しません。

FISKARS ANTIIKKI PÄIVÄT
フィスカルスアンティーキパイヴァット

　ヘルシンキから鉄道VRで西に向かうと1時間でKARJAA｜カルヤー駅に到着。そこからFISKARS行きのバスに20分程乗ると、森と湖に囲まれた村に着きます。FISKARSはハサミのメーカーとして世界的に有名ですが、クリエイティブな仕事をする人達が活動の拠点を置くアーティスト村としても知られています。そして毎年7月にはフィンランド最大級のフリーマーケットが開かれ、たくさんの人で賑わいます。

　フィンランド中からヴィンテージ好きが一堂に会す夏の一大イベントは、野外のテントエリア、広い倉庫の室内エリアがあり、青空の下、心を躍らせながら西へ東へと動き回ります。一度にたくさんのヴィンテージに触れられるこの日は、いつも以上に心も身体も前のめりになってしまいます。

　目に留まったモノの値段をきいて状態をチェックし、買うか買わないか即座に判断、を繰り返します。それはまるで雑貨と対峙しているかのよう。決断は仕事柄速いほうですが、あまりに高価だったり、ダメージが大きすぎると、すぐには決められません。いいモノを見つけて小躍りしたかと思えば、迷っているうちに売れてしまい凹んだり。気持ちのアップダウンがはげしい1日を過ごします。

　買付けをしていて今だに悩むのは、「状態の見極め」。ほとんどが普段使いされていたので、ダメージはつきもの。フィンランドのホーロー鍋やケトルは色がきれいでよいデザインばかり。でもホーローはガラス質なので欠けやすく、無傷なモノを探すのは簡単ではありません。ダメージが目立つモノを商品として販売するか、線引きは難しいところですが、ひとつの基準になるのは、自分で使いたいと思えるかどうか。せっかく見つけた貴重なアイテムは、簡単には諦められないので、「もし売れなければ自分で使おう」と覚悟しながら選んでいます。

FISKARS ANTIIKI PÄIVÄT
Peltorivi 7, FISKARS
FINLAND

　ヘルシンキ市内では、なかなか見つからないアンティ・ヌルミスニエミがデザインしたコーヒーポットですが、フィスカルスでは割と見つかりやすく、レアな色を見つけた時には高揚感に包まれます。ティモ・サルパネヴァのアイテムもここで見つかる確率は高いです。彼が手掛けたグラスやステンレスポットは、買付けと並行して自分用にもコレクションしているもののひとつ。ステンレスのポットはバリエーションが豊富すぎて、未だにそのシリーズの全容は把握できていませんが、少しずつ、でも着実に集めています。

　フィンランド独自の手工芸品のひとつに、曲げ木のトランクがあります。フタを留める革はだいぶ年季が入り、木肌にはシミのあるものがほとんどですが、他の国にはない独自性はとても魅力的。つくりの美しいトランクを見つけたら、必ず手にとります。

　友人が運転する車でフィスカルスへ向かう時は、「電車で持って帰れるボリューム」という制限がなくなるので、"思う存分"買付けることができます。車のトランクと後部座席がいっぱいになるまで買い込むことができる、この時の「やりきった感」は格別。他のフリーマーケットではなかなか味わえない達成感なのです。

緩衝材の役割も担うペーパーナプキン

　北欧のスーパーマーケットは、どの国もパッケージデザインが洗練されいて、ワクワクする場所です。ヘルシンキのK-Supermarket｜Kスーベルマルケットは市内にたくさんあるスーパーマーケットで、定宿にしているホテルから歩いてすぐ、中央駅の郵便局の隣りと便利な場所にあるので、滞在中はよく利用します。

　お酒コーナーに行けば、フィンランドのクラフトビールがずらりと並び、種類の多さにも驚きますが、なんといってもラベルのデザインがカラフルでかわいいのです。さすがにビールは日本に持って帰りませんが、軽い日用品は、自宅用に、おみやげにいろいろ選びます。中でもかわいくて、軽くて、緩衝材にもなる、そんな優秀度ナンバーワンのアイテムがペーパーナプキン。コペンハーゲンでダンボールの隙間を埋めていたのは、IRMAのキッチンペーパーでしたが、所変わってヘルシンキではペーパーナプキンが緩衝材代わりになります。気に入った柄を見つけたら多めに買って、割れ物と割れ物の間に挟んで、梱包に一役買ってもらいます。

　marimekkoのペーパーナプキンは、直営店で売っているものとは別に、スーパーのオリジナルとして販売されていて、柄の選択肢がたくさんあってサイズも大小揃います。ムーミンのモノトーンのコミック柄のペーパーナプキンもよく買いますが、ムーミンのパッケージはココアや箱入りティーバッグ、歯磨き粉など、さすがの充実度。ムーミンを観て育った世代なので、新商品を見つけると、素通りはできません。ペーパーナプキンも紅茶も軽くて価格が手頃なので、ちょっとしたおみやげにもぴったりです。

フィンランドの郵便局「POSTI」

　オレンジ色が目印のフィンランドの郵便局・POSTI｜ポスティ。中に入るとオレンジ色の箱がずらりと積み上げられた美しい光景が目に留まります。箱には切手や封筒、マグカップ、靴などのモチーフが、オレンジベースに白で描かれ、ボックスはA5サイズの薄型から大きなサイズもいくつかあり、プチプチを内蔵した封筒や、防水の大きな封筒など、充実の品揃えです。

　郵便局の営業時間は土曜日は午後早い時間に閉まり、日曜日はお休みですが、中央駅近くの郵便局のみ平日は遅くまで、土日も営業しているので安心です。そのためヘルシンキでは、中央駅近くのホテルを定宿にしています。

　北欧では各国でかわいい切手が揃いますが、フィンランドは特にムーミンのシート状の切手や封筒セット、ポストカードなどがたくさんあり、バリエーションはさすがのひとこと。モチーフはほかにも、著名なデザイナーのプロダクトや、白樺のバスケット、ニットの帽子や手袋など、雑貨好きの心がくすぐられるラインナップ。郵便局に行くと季節の切手は必ずチェックします。

　フィンランドから日本に送る国際小包（EMS）も航空便のみ。送料は、0〜2kg、2〜5kg、5〜10kg、10〜15kg、15kg〜30kgの5段階。発送してからおよそ1週間で届きます。

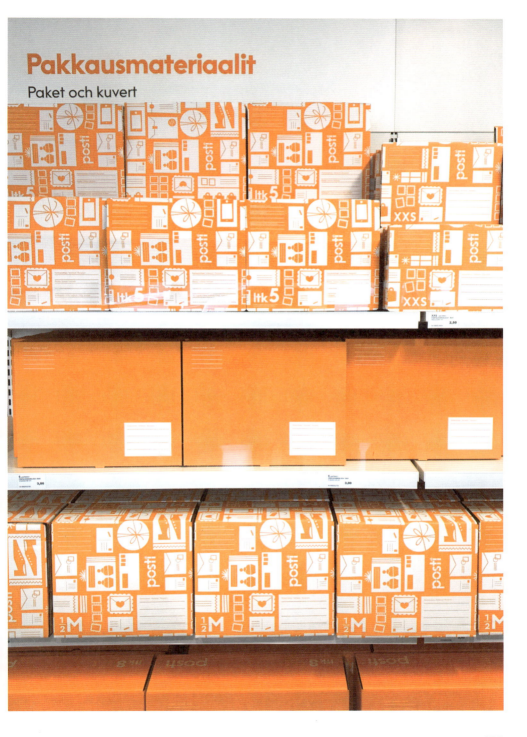

大荷物で帰国の途へ

　春と秋は2週間、夏は1ヶ月の買付けの旅を終えて帰国しますが、最後にもう一仕事待っています。アパートの部屋から古くて小さなエレベーターを使って何往復かし、すべての荷物をエントランスまで下ろし、タクシーに積み込んで出発。大きなダンボール箱を3、4個、スーツケース、キャスター付きキャリーバッグと共に空港へ向かいます。

　空港に着いてチェックインカウンターにたどり着くまでがまた一苦労。カートにダンボール箱を積み、カートとスーツケースを同時に押しながらゆっくり進むのですが、これがとっても大変！ほんのわずかな段差でも、ダンボール箱がずれてしまうので、細心の注意を払って慎重に移動します。ようやくチェックインカウンターに着いて荷物を預け終えると、「やれやれ、終わったー」。荷物が手を離れた瞬間、ようやくほっとできます。成田に着いたら、また同じ作業が待っているのですけどね……。

　以前は買付けたモノは全て郵送していましたが、航空会社によっては、超過手荷物のほうが郵送より安いので、なるべく持って帰るようにしています。一緒に持って帰れば、開梱→撮影→オンラインショップに掲載、という一連の作業がすぐにできるというメリットもあります。

　帰国した翌日には、成田から宅急便で送った荷物と、買付け中に一足早く届いた荷物を受け取ります。ダンボール箱が積まれたリビングで、開梱スタート。割れたモノがないことを祈りつつ、次々に開けます。貴重なプチプチを特別に何枚も重ねて梱包したにもかかわらず割れていて、ショックで呆然とすることも。完璧な梱包を目指していても破損ゼロとはいきません。これからも工夫を重ねて精進しなくては。とはいえほとんどが無事に届き、リビングの床を埋め尽くす雑貨を見渡しながら、ほっと一息。しばしの間、ヴィンテージを探し求めて歩きまわった日々を振り返ります。

130

132 | LIFE with VINTAGE GOODS

北欧に滞在中は、買付けの合間に現地の友人とフィーカを
します。自宅に招かれた時のわたしの興味の対象は、もちろ
んヴィンテージ。普段の暮らしで現地の人がどんなモノを選
び、どんなふうに使っているのか、興味津々です。気になる
モノは「これどこで見つけたの？」とか、「何年頃につくられ
たの？」と、いつしか質問攻めに。そんなわたしに、詳しく、
時には自慢げに答えてくれて、ヴィンテージが好きな者同士
の話はつきません。

　古いモノを扱うお店が充実していて、それを気軽に手に入
れられる環境は、うらやましいの一言。みんな古いモノと慣
れ親しんでいて、好みのテイストやカテゴリーがはっきりし
ています。そのため暮らしへの取入れ方もとても上手で、ひ
とりひとりの個性が際立っています。
　スウェーデンで暮らす、ヴィンテージ好きの友人4人の、
個性あふれる住まいを訪ねました。

Veronica

ダーラナ地方で木工作家・オーラとふたりで暮らす住まいは、1700年代に建てられた2階建ての1軒家。キッチンはオーラがリノベーションし、クリーム色にペイントされたやさしい色合い。ヴェロニカがスウェーデン各地のLOPPISやオークションで手に入れたヴィンテージやアンティークの小物で彩られています。

1 キッチンの天井から下げられた棒には、バスケットやキッチンタオルをかけて。
2 取り付けた棚には、色とりどりの缶。上段の大きな缶には森で採れたキノコを。
3 「スポーンコリ」と呼ばれる収納カゴ。グリーンやブラウンにペイントされて。
4 シンク上の棚にはヴィンテージの食器や木工作品が。白いリネンをカーテンに。

135

Sofia

1

夫のヤコブとリノベーションの会社を営むソフィアは、ふたりのかわいい息子との4人暮らし。住まいはふたりで考えてリノベーションした見晴らしのいいアパートメントです。古いモノと新しいモノをミックスさせるのが上手で、サマーハウスのあるダーラナ地方のLOPPISでは、手頃な価格でいいモノを見つけるのが得意。家族から譲り受けた食器やドールハウスも大切にしています。

136 | LIFE with VINTAGE GOODS

1 天井高一杯につくった食器棚。お母様から譲り受けたロイヤルコペンハーゲンも。
2 脚付きのグラスと陶器製のニワトリもヴィンテージ。卵はいつもここに収めて。
3 フィーカはイギリス・SPODE社のプレイスマットにヴィンテージを合わせて。
4 9歳のマグヌス君の部屋。ベッド横にある古いバスケットにはおもちゃを入れて。
5 弟のビョルン君の部屋の壁には、LOPPISで見つけた棚を白く塗って設置。

Naoko

日本からスウェーデンに渡って12年経つナオコは、ご主人と4歳になる息子の3人でストックホルム郊外の島にある一軒家で暮らしています。スウェーデン各地を仕事で訪れる機会が多く、地方のLOPPISやアンティークショップで見つけたヴィンテージが、室内のあちらこちらに飾られ、暮らしに溶け込んでいます。中でもエリック・ホグランと手工芸品のコレクションは圧巻です。

1 リビングの棚にはエリック・ホグランの鉄製のキャンドルスタンドがたくさん！
2 白樺の根を割いて編み上げる、繊細なバスケットとブローチコレクション。
3 持ち運びができる脚付きトレー。これがあれば、どこでもフィーカができます。
4 4歳のリンゴ君が読む絵本を収めたマガジンラックは樹皮を使った手工芸品。
5 子供部屋の丸いバスケットにはミニカーを。下のスポーンコリも収納に使用。

Ann-Mari

ストックホルムで買付けをする際に滞在させてもらっているアパートメント。ひとり暮らし用のコンパクトな間取りながら、古い建物ゆえ天井が高く、狭くは感じません。キッチンの収納は天井まであるので、収納力は抜群。棚の中にはスウェーデン製のきれいな水色のホーロー鍋など、ヴィンテージの道具が揃っています。

140 | LIFE with VINTAGE GOODS

1 天井まである窓のお陰で北向きながら明るいキッチン。窓は木枠のペアガラス。
2 シンクの上のオープン棚には、近くのフリーマーケットで見つけたモノなど。
3 食器棚にはスティッグ・リンドベリがデザインしたお皿などお宝満載！
4 コート掛けの足元には、ハンドル付きバスケットを置いてスリッパ入れに。

おわりに

50代に入って、パーソナルトレーナーについて筋トレをはじめ、
その半年後にノルディックウォーキングをはじめました。
すべては買付けのため。
元々身体は丈夫ですが、買付けは何よりも体力勝負。
いつでも買付けに出かけて行けるよう、足腰は鍛えておかねばと、
運動嫌いのわたしが一念発起したのです。

重い鍋や食器を買付けて、持ち歩いている時、
どうしてわたしは、こんなに重くて壊れやすいモノが好きなんだろう？
と思うことがあります。
重い荷物を運んで筋肉痛になったり、
梱包が全然終わらず、やさぐれる夜があっても、
それでもわたしは雑貨が大好きなのです。

車を運転しないひとりの買付けは、
現地の人達の手助け無しには成り立ちません。
そんなわたしをいつも支えてくれる人達への恩返しは、
北欧雑貨の魅力を伝え続けることだと確信してます。

これからも足繁く北欧に通って、
笑顔で「ヘイヘイ！」とお店のドアを開けて、
ヴィンテージを探し続けます。

ストックホルムの憩いの場所
ローゼンダールガーデンにて

2019年6月
おさだゆかり

おさだゆかり (Yukari Osada)

2005年に北欧雑貨店「SPOONFUL（スプーンフル）」を立上げる。現在はオンラインショップと予約制の実店舗を運営しつつ、全国各地でイベントを行う。年に3回は買付けに行っているので、すでに40回以上、北欧を旅している。北欧のデザインや雑貨について詳しいだけでなく、食いしん坊でお酒好き。2010年からは北欧ツアーを企画・案内をするなど、活動の場は広がるばかり。既刊書に『北欧雑貨をめぐる旅』（産業編集センター）、『北欧スウェーデンの旅手帖』『北欧雑貨手帖』（アノニマ・スタジオ）、『わたしの北欧案内 ストックホルムとヘルシンキ』（筑摩書房）、ムック『わたしの住まいのつくりかた』（主婦と生活社）がある。

SPOONFUL
http://www.spoon-ful.jp

私のとっておき46

北欧 ヴィンテージ雑貨を探す旅

2019年7月16日　第一刷発行

著者　　おさだゆかり
写真　　おさだゆかり
地図　　山本祥子（産業編集センター）
装幀　　渡部浩美
編集　　福永恵子（産業編集センター）

発行　　株式会社産業編集センター
　　　　〒112-0011東京都文京区千石4-39-17

印刷・製本　株式会社シナノパブリッシングプレス

©2019 Yukari Osada Printed in Japan
ISBN978-4-86311-233-9　C0026

本書掲載の文章・イラスト・写真を無断で転記することを禁じます。
乱丁・落丁本はお取り替えいたします。